跟着小嶋做甜点

〔日〕小嶋流美 著　付明明 译

南海出版公司

自己动手做甜点是一件非常享受的事，尽享烹饪乐趣的同时，还能做出独创的美味，就是这么简单、幸福！

这本书为大家介绍了很多简单易学的甜点，没有复杂的步骤。原料配比、打发和搅拌技巧等需要注意的地方都做了详细讲解。只要按照步骤操作，大家都能轻松做出松软可口、香甜诱人的甜点。

我一直在寻找更加方便、简单的甜点做法，能找到这样的方法该多么让人兴奋啊……这是我真诚的希望，但要实现它却不太容易。

做甜点的食材只经过了简单处理，成品的风味就取决于原料的品质，只有选用新鲜优质的原料，才能做出香醇的美味，香草和香料都散发着自然的诱人味道。书中的甜点做起来步骤简单，不容易失误，请一定要注意关键步骤。

这本书收录的一些甜点我在烘焙培训班的课堂上也讲过，本书主要介绍了学员们反映不太容易掌握的甜点和几种新式甜点的做法，另外还有零基础新手也可以在短时间内学会的简单美食，非常受欢迎。我经常做一些小甜点，或自己吃，或给孩子当零食，还可以作为小礼物送给朋友。

在家做甜点选用的原料安全放心，做法简单，成功率高，不妨按照这些配方和步骤自己动手试试吧！即使是初次尝试，也一定能做好。如果你是位烘焙达人，那么这些简单的做法一定会改变你对烘焙的理解。

我不认为"做甜点只要方法简单就够了"或者"马马虎虎做出来就行",而是希望找到一些配方,能用最简单的原料和方法做出自己想要的美味。书中介绍的各款甜点追求的就是在简单中创造无限的美味。

☑ 目录

搅拌一下就好的美味

用烤箱做甜点

新经典文化有限公司
www.readinglife.com
出 品

原料和工具

本书介绍的各种甜点无需特殊工具，但一定要准备合手、好用的常用工具和优质原料，这样做起来会更轻松。

希望大家注意以下几点：

☑ 鸡蛋去壳后的净重以克为计量单位。需要用全蛋时，推荐选择中等大小的，因为大部分个头较大的鸡蛋蛋白含量偏多。

☑ 请选用纯乳脂奶油，植物奶油味道不纯正。本书用的通常是乳脂含量为45%的奶油，需要用乳脂含量为35%的奶油时，配方中会特别说明。另外，请注意打发奶油的方法，特别是制作需要加入明胶的甜点时。奶油打发程度不同，成品的风味也存在很大差异。打至四五分发时，奶油开始变得黏稠，提起打蛋器让上面附着的奶油流回搅拌碗中，留下的痕迹很快就会消失；打至六分发，奶油流回搅拌碗时留下的痕迹可以保持一会儿；打至八分发，提起打蛋器时附着在上面的奶油能拉出弯弯的尖角，就像小人在鞠躬。

☑ 砂糖可以分为日常用的普通砂糖和烘焙专用的细砂糖。细砂糖易溶解，如果没有细砂糖，可以用食品料理机将普通砂糖打碎。制作需要隔水蒸或煮的甜点时，也可以选用普通砂糖。

☑ 配方中使用的黄油都是无盐黄油（不加食盐）。

☑ 其他食材，如面粉、坚果、干果、茶叶等，越新鲜做出来的甜点味道越好。各家商店的保存方法不同，面粉和坚果的质量也不同，请尽量选择品质好的食材。

☑ 称重时最好使用电子秤。大部分配方都很简单，请按照配方中的原料用量称重。可以用电子秤先称出容器重量，再放入原料称重。书中用到的液体食材也基本以重量计算，水或少量的酒则用毫升、大勺（15毫升）、小勺（5毫升）计算。

搅拌一下就好的美味

☑ 倒出酸奶中析出的液体。

☑ 提前将酸奶冷藏凉透。

☑ 把砂糖撒在水果上，加入奶油搅拌均匀。

酸奶水果冻

原料（4～5人份）

├ 鲜奶油　150 克
└ 细砂糖　25 克

原味酸奶（倒出酸奶中析出的液体）　100 克（提前放入冰箱冷藏）

水果

├ 草莓、猕猴桃、木瓜、芒果等，依个人喜好选择　适量
└ 细砂糖　适量

1 水果切成大小适当的块，撒上细砂糖。

2 在奶油中加入细砂糖，将盛放奶油的容器底部浸入冰水中，打至八分发。

　加入浓稠的酸奶，搅拌均匀。

3 将水果和调好的酸奶一层一层地装入玻璃杯中。

※不必花太长时间去除酸奶中析出的液体，倒出自然分离的液体即可。

鲜奶油和酸奶、细砂糖的比例可根据自己的口味调整。

酸奶水果冻

这款简单的甜品将酸奶和鲜奶油混合在
了一起。
乳制品的醇香中融入令人回味无穷的清
新果香，别有一番风味。
你喜欢哪些水果？
随意添加吧！

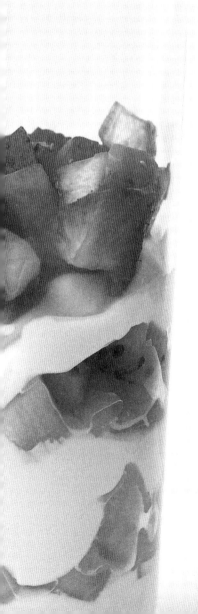

☑ 请使用新鲜、煮熟的栗子。

☑ 做栗子奶油用的鲜奶油要预先煮沸，这样奶味更香醇。

蒙布朗

原料（4 ～ 5 人份）

栗子奶油

├ 煮熟的栗子　取栗仁 200 ～ 220 克

├ 鲜奶油　30 克

├ 无盐黄油　30 克（室温下回温）

└ 细砂糖　80 克

┌ 鲜奶油　100 克

└ 细砂糖　5 克

1 制作栗子奶油。把栗子洗净，煮 50 ～ 60 分钟，煮软后在锅里泡两小时以上。将栗子切成两半，用勺子挖出栗仁 200 ～ 220 克备用。

2 鲜奶油用小锅煮沸，沸腾后立刻关火，放凉。

3 将 1 中的栗仁和 2 中的奶油、切成小块的黄油、细砂糖一起倒入食品料理机中打成泥状。

4 过滤，清除残留的栗子皮等杂质。

5 在奶油中加入细砂糖，将盛有奶油的搅拌碗浸入冰水中，隔水打至八分发，倒在栗子泥中搅拌均匀，做好的栗子奶油可以直接吃，也可以用裱花工具造型。第 11 页图中便是栗子泥冷却后用粗孔筛擦成的栗子蓉。

※ 将 4 中的栗子泥摊平，尽量薄一些，用保鲜膜包好，冷冻一下便可随时按需取用。如果室温解冻后栗子泥还比较硬，可以将其放在搅拌碗中，把搅拌碗浸入温水中隔水加热，用刮刀搅拌至细腻柔滑即可。

把制作栗子泥的原料倒入食品料理机中。

搅拌至无颗粒、细腻柔滑即可。

蒙布朗

用当季的新鲜栗子、鲜奶油、黄油
和砂糖即可制作。

选用风味纯正的原料，你会真切感
受到简单的美味，尽情享受栗子的
好味道吧。

腌渍水果

只是简单腌渍一下，新鲜水果的美味就
会让你惊喜连连。

以草莓汁、葡萄汁为原料的意大利巴萨
米克醋酸甜爽口，适合搭配各种食材，
风味出众。

腌渍水果在许多地方都非常受欢迎。

酒渍菠萝

香醋草莓

软乳酪

通过不断尝试，我已经省去了很多步骤和原料，但做出的软乳酪仍然让人百吃不厌。

把软乳酪涂在吐司面包上试一试吧。

咸味软乳酪也颇受欢迎，现在就来介绍一下它们的做法。

甜味软乳酪

适合做开胃菜的洋葱味软乳酪

☑ 预先在水果上撒些细砂糖腌一下。

☑ 放入冰箱冷藏片刻，味道更佳。

腌渍水果　香醋草莓

原料（3～4人份）
┌ 草莓　300～350克（冷藏）
└ 细砂糖　15克
巴萨米克醋　1大勺
柠檬汁　2小勺
罗勒叶　2～3片（切成细丝）
香草冰淇淋或马斯卡彭乳酪（没有可以省去）　适量
薄荷叶（没有可以省去）　少许

1 草莓洗净、去蒂，切成两半，撒上糖，腌渍片刻。
2 在草莓上淋上巴萨米克醋、柠檬汁，撒罗勒叶，放入
　冰箱冷藏约10分钟（如果希望酸味更浓一些，可冷
　藏一夜），然后加入冰淇淋和薄荷叶拌匀。
※ 也可以用平价、酸度较低的普通食醋代替巴萨米克醋。

腌渍水果　酒渍菠萝

原料（3～4人份）
菠萝（新鲜的，去皮和硬芯）　400克
细砂糖　25克
樱桃酒　1⅓大勺
薄荷叶　适量

1 把菠萝切成大小适当的块，撒上砂糖，拌入樱桃酒和
　切碎的薄荷叶，放入冰箱冷藏约10分钟。

☑ 将乳酪软化，搅拌至柔滑状态。

☑ 在甜味软乳酪中加一些蜂蜜，味道更好。

软乳酪　甜味

原料（方便制作的用量）
奶油乳酪　100克（室温回温软化）
蜂蜜　30克
杏干　40克
迷迭香叶片（切碎）　少许
吐司片或脆面包、咸味薄脆饼　适量

1 将奶油乳酪软化，加入蜂蜜拌匀。
2 杏干切成5毫米的小丁，和迷迭香一起放入奶油乳酪
　中。
3 把软乳酪涂在吐司上，尽情享用吧。
※ 脆面包是以北欧产的黑麦和小麦粉为主要原料烘焙而成的干
　面包。这种面包薄而脆，搭配软乳酪最好还是选用做三明治
　用的吐司片。
※ 加入迷迭香的抹酱更适合成年人的口味，给孩子吃可以不加，
　搭配白面包更美味。

软乳酪　适合做开胃菜的洋葱味

原料（方便制作的用量）
奶油乳酪　100克（室温回温软化）
洋葱（切碎）　1～2小勺
核桃仁　30克
酱油　1/3～1/2小勺
胡椒粉　少许
喜欢的面包　适量

1 烤箱调至低温，将核桃仁烤香。
2 把奶油乳酪搅拌至柔滑状态，加入洋葱碎、酱油、胡
　椒粉搅拌均匀，这样就可以涂在面包上尽情享用了。

常见的巴萨米克醋（balsamic vine-gar）。产于意大利摩德纳，以葡萄汁为原料酿制，味道独特，具有圆润醇厚的甜酸风味。

首先，要把奶油乳酪搅拌至柔滑状态。

加入蜂蜜，搅拌至奶油乳酪变得黏软。

用烤箱做甜点

☑ 充分释放天然乳脂奶油的香醇气息。
☑ 减少糖的用量，利用原料自然的香甜味道。

南瓜布丁

原料（用直径 7.5 厘米、高 4 厘米的耐热容器可做 5 份）
a
┌ 南瓜（蒸熟，去皮） 200 克
├ 细砂糖 55 ～ 60 克（根据南瓜的甜度调整）
├ 牛奶 80 克（室温回温）
├ 鲜奶油 70 克（室温回温）
└ 鸡蛋 100 克
肉桂粉（依个人口味添加） 少许
焦糖
┌ 细砂糖 50 克
└ 热水 约 1 大勺

1 混合 a 中的原料，依据个人口味添加肉桂粉，倒入食品料理机搅拌均匀。
2 制作焦糖。在厚底锅中倒入细砂糖，大火煮沸，糖浆变为茶色后立即关火，加入热水（小心溅出）搅匀，趁热倒入准备好的耐热容器中，各倒 1 小勺左右。
3 烤箱预热至 160℃。
4 将第 1 步中做好的南瓜布丁液倒入盛有焦糖的容器内，放在烤盘上，在烤盘中倒一些热水，隔水蒸烤 25 ～ 30 分钟，冷却后享用。

※ 如果没有食品料理机，可以将蒸好的南瓜压成泥，然后依次加入 a 中的其他原料搅拌均匀。质地没有用食品料理机做的那么细腻，却更贴近自然口感，别有一番风味。
※ 自己手做的南瓜泥稍粗，口感就像木棉豆腐，如果喜欢类似绢豆腐的细滑口感，可以在第 1 步完成后将南瓜泥过筛一次。

☑ 与南瓜布丁相比，鲜奶油的含量更多一些

红薯布丁

原料（用长 23.5 厘米、宽 13.5 厘米、高 4 厘米耐热容器可做 1 份）
a
┌ 红薯（蒸熟，去皮） 240 克
├ 细砂糖 60 克
├ 牛奶 145 克（室温回温）
├ 鲜奶油 135 克（室温回温）
└ 鸡蛋 100 克
肉桂粉（依个人口味添加） 少许
焦糖
┌ 细砂糖 60 克
└ 热水 50 ～ 70 毫升

1 与南瓜布丁的做法基本相同，但不用先把焦糖倒入容器，直接倒入混合好的红薯布丁液即可。将烤箱预热至 160℃，隔水蒸烤 35 ～ 40 分钟。冷却后淋上焦糖。

※ 如果选用的容器较深，蒸烤时间就要延长一点。
※ 这里用的焦糖比南瓜布丁用的更稀，要先把焦糖做好。

蒸烤前的布丁液非常稀。

焦糖不要熬过火，趁热把焦糖倒入耐热容器内。

红薯布丁液稀而细腻，烤出来的布丁嫩滑至极。

南瓜布丁

南瓜品类多，口感火软和蓬松
形态不同，口感也不同，
每种口感都是一种享受。
不用担心成品中间有气泡。

红薯布丁

做法简单，红薯的品质不同
成品的口感和甜度也有差异。
这也是动手的乐趣。
通过烘烤，红薯自然的甜香
流溢而出。

☑ 与天然酵母面包和全麦面包相比，选用松软的白面包更合适。

☑ 均匀地涂上黄油。

原味面包干

原料
法式面包或白面包　适量
无盐黄油　适量
细砂糖　适量

1 把面包切成 6 毫米厚的片。平盘上撒一层细砂糖。
2 在面包片上涂抹黄油和细砂糖。用刷子把融化的黄油
　满满涂在面包片正面，背面薄薄地涂一层。将面包片
　正面朝下放入撒有细砂糖的平盘中，轻轻压一下，粘
　上砂糖。
3 烤箱预热至 150℃。在烤盘上铺一层烤纸。
4 将面包片正面朝上放入烤盘中，烘烤 15 ~ 20 分钟，
　烤至微微变黄即可。

※ 也可以用有些变硬的面包制作。法式面包或松软的白面包冷
冻一下更好切，试试看吧。

肉桂味面包干

1 将细砂糖和肉桂粉以 50：1 的比例混合，撒在平盘上。
2 与制作原味面包干的做法相同，涂上黄油，粘上肉桂
　糖，送入烤箱。

乳酪味面包干

1 与原味面包干做法相同，在面包片上涂满黄油，
　正面朝上放在烤纸上。
2 把帕尔玛乳酪擦碎，撒在面包片上，然后翻过
　来，抖掉多余的乳酪，注意手指尽量不要碰到
　撒有乳酪的一面。摆放在烤盘上，送入烤箱。

在面包片正面涂满黄油，背面
薄薄地涂一层即可。　　粘上砂糖，送入烤箱。

乳酪边擦边撒更均匀。

原味面包干

面包干

用有些变硬的面包可以轻松做出受欢迎
的面包干。

如果想做一些口感酥脆、富有黄油香的
美味，这些面包干可以说是简单方便的
原料。

肉桂味面包干

☑ 杏仁片切碎备用。

蜜桃奶酥

原料（4人份）
奶酥
├ 无盐黄油　30克
├ 杏仁片　45克
├ 细砂糖　30克
└ 低筋面粉　37克（过筛）
桃（罐头）　4块
柠檬汁　1大勺
龙蒿（依个人口味添加）　4枝

1 把黄油切成1厘米见方的小丁，放入冰箱冷藏待用。
2 在耐热容器内壁涂一层黄油（另计），烤箱预热至200℃。
3 用食品料理机或其他工具将杏仁片打成长3毫米左右的碎片。
　把打碎的杏仁片和制作奶酥用的其他原料倒入搅拌碗中，用手
　揉搓，使杏仁片、面粉与黄油充分混合，做成松散的奶酥。
4 桃罐头沥干水分，淋上柠檬汁后放入耐热容器中，依个人口味
　撒上龙蒿和奶酥，入烤箱烘烤15～20分钟。出炉即可享用。
※ 热腾腾的蜜桃奶酥配上冰淇淋和打发的鲜奶油，味道更佳。

杏仁片大致切碎，制作奶酥。

添加杏仁片，口感更酥脆。

蜜桃奶酥

香喷喷的奶酥和杏仁与烘烤过的水果搭
配在一起，绝对是完美组合。
水果选用蜜桃罐头简单又方便。
秘诀就是在奶酥中加杏仁片。

☑ 尽量选用红玉苹果，如果买不到，选用其他口味酸甜的苹果也可以。

☑ 烘烤后原料体积会变小，所以烘烤前要把容器装满，满满的一大盘看上去就让人垂涎欲滴。

田舍苹果

原料（用直径 18 厘米、高 4.5 厘米的耐热容器可做 1 份）

蛋奶糊
├ 酸奶油　150 克（室温回温）
├ 细砂糖　35 克
├ 香草荚　1/5 根（取出香草子）
└ 鸡蛋　70 克
苹果　2 ~ 3 个
杏干　6 枚
无盐黄油　10 克

1 在酸奶油中加入细砂糖和香草子，搅拌均匀。慢慢倒入打散的
　蛋液，边倒边搅拌。
2 把苹果切成 1.5 厘米左右见方的小丁，杏干切成小块。在耐热
　容器内壁涂一层黄油（另计）。烤箱预热至 200℃。
3 在容器内铺入 1/2 的苹果丁和杏干，倒入 1/2 第 1 步中做好的
　蛋奶糊。铺上剩余的苹果丁，再倒入另外一半蛋奶糊，撒上切
　碎的黄油，入烤箱烘烤 30 ~ 40 分钟。

蛋奶糊的做法很简单，在酸奶油中
慢慢倒入蛋液搅拌均匀即可。

烘烤后原料的体积会变小，所以容
器要装满，出炉后只要看一眼就会
让人垂涎三尺。

田舍苹果

融合了酸奶油、苹果、杏3种不同酸味。
刚烤好时香气四溢，冷却后更加酸甜香
醇，别有一番滋味。
只要烘烤时间足够长，苹果就会像煮过
一样好吃，如果烘烤时间较短，苹果吃
起来新鲜爽口。

☑ 面糊的黏稠度以倒在烤盘上能够自然流动为宜（如果面糊过于黏稠可以隔水加热软化）。

☑ 多放些酸橙皮，味道更清爽。

蜂巢卷

原料（做 5 根长约 15 厘米的蜂巢卷）

无盐黄油　40 克

细砂糖　40 克

蜂蜜　25 克

低筋面粉　40 克（过筛）

酸橙皮（或者柠檬皮）　需要用 1/2 个酸橙（擦成碎屑）

1 在钢笔或其他直径为 1.2～1.5 厘米的棒状物体上包一层锡纸，备用。

2 黄油隔水溶化，加入细砂糖、蜂蜜，用打蛋器搅拌均匀，再加入面粉和酸橙皮屑继续搅拌。

3 烤箱预热至 180℃。

4 在烤盘上铺一层烤纸，用汤匙盛取 1/5 的面糊，倒在烤盘上，修整成圆形。烘烤时，面糊会自然摊开，摆放时要留出足够的间距，每个烤盘内放 2～3 个即可（剩下的面糊室温保存即可，分 2～3 次烘烤）。

5 放入烤箱后，面糊会自然形成蜂巢状的薄饼，烘烤 10 分钟，待薄饼变成金黄色，连烤盘一同取出。静置片刻，薄饼成型但还未完全变硬时从烤盘上揭下来，用 1 中自制的卷棒轻轻卷起（薄饼很烫，最好戴上手套）。抽出小棒，放在烤纸上彻底晾凉，防潮保存。

※ 冬季较冷，如果面糊因温度过低流动性减弱，难以自然摊开，可隔水加热软化。

※ 卷好的蜂巢卷不易破碎，圆形的薄饼也可以作为礼物直接赠送给友人。在卷制过程中，如果薄饼冷却变硬，可以放回烤箱中烤软。

将溶化的黄油、细砂糖、蜂蜜搅拌成黏稠的糊状，然后加入面粉继续搅拌。

将面糊修整成圆形，间距 10 厘米。每次放入 2～3 个，分 2～3 次烘烤。

面糊在烤箱中会延展摊成直径 15 厘米左右的圆形薄饼，自然变成蜂巢状。

待烤好的薄饼冷却至可以揭起时，用卷棒轻轻卷起。

蜂巢卷

看起来很难做吧?

其实做法出奇地简单。

面糊在烤箱中会自然地变成蜂巢状薄

饼,吃起来脆脆的。

蜂蜜焦糖味让人回味无穷。

☑ 黄油不要直接用火加热，要隔水溶化。

☑ 和面时，要在黄油微温时尽快把所有原料搅拌成团。

燕麦饼干　椰子风味

原料（可以做 11 ~ 12 块）
无盐黄油（最好选用发酵型）　60 克
a
┌ 细砂糖　35 克
├ 黄蔗糖①　15 克
└ 蜂蜜　25 克
b
┌ 低筋面粉　55 克
├ 泡打粉　1/2 小勺
├ 燕麦片　60 克
├ 椰蓉　40 克
└ 椰子粉　20 克

1 把 b 中的低筋面粉和泡打粉混合，过筛，然后与 b 中的其他原料一起放入搅拌碗中。烤箱预热至 170℃。

2 黄油隔水溶化，在溶化但还未变热的黄油中加入原料 a，用打蛋器搅拌均匀。把微温的黄油倒入搅拌碗内，用刮板混合所有原料，和成面团。

3 把和好的面团等分成小块，每块约重 25 克，揉成球形，再轻轻压扁，摆入铺有烤纸的烤盘中，整形成直径约 7 厘米的圆饼（把边缘修整好，在接下来的操作中饼干不易碎裂）。摆放时留出适当间距。

4 放入烤箱烘烤 12 ~ 15 分钟。这款饼干容易烤糊，烤好后要立即从烤盘上取下来，放在冷却架上冷却。防潮保存。

※ 如果烤盘不够大不能一次烤完，可以将剩下的面团放在不易风干的阴凉处，分 2 ~ 3 次烘烤。

---

①蔗糖的一种，呈褐色，为日本的特产，常用于日本料理，尤其是日式甜点中。

燕麦饼干　蔓越莓风味

1 在做椰子风味燕麦饼干的原料中加入 40 克蔓越莓。蔓越莓洗净，拭干水分，切成两半。把所有原料混合成面团后放入蔓越莓，揉匀。接下来的做法与椰子风味燕麦饼干相同。

※ 可以做 13 ~ 14 块。

燕麦饼干　芝麻风味

1 将原料 b 换成低筋面粉 60 克、泡打粉 1/2 小勺、燕麦片 60 克、芝麻 40 克（最好黑白芝麻各取一些，烤香）。做法与椰子风味燕麦饼干相同。

将分成小块的面团揉成球形，轻轻地压一下。你可以和孩子一起享受这个过程。

在烤盘上将饼干按压平整。最好把边缘修整得圆润些。

蔓越莓风味　　　　　椰子风味　　　　　芝麻风味

燕麦饼干

即使是初学者，也可以轻松做好这道甜
点，只要把面团揉圆压扁就可烤出美味
的饼干。

咬一口，口感酥松，黄油的醇香在口齿
间回味无尽，质地细腻朴素。

☑ 蛋白打散后再倒入面粉。

☑ 最好选用糖粉。

☑ 烤好后立即把饼干从烤盘上取下，注意不要烤焦。

杏仁瓦片酥　香橙风味、生姜风味、红紫苏风味

原料（可以做 25 块）

a
┌ 低筋面粉　15 克（过筛）
├ 细砂糖　50 克
└ 杏仁片　60 克
蛋白 40 克
香橙皮（擦碎）和果汁、生姜（姜末和姜汁）、红紫苏叶等
气味清香的原料　适量

1 将 a 中原料放入搅拌碗中混合备用。蛋白用打蛋器轻轻打散，倒入搅拌碗中。将原料混合，任选一种香料加入，搅拌均匀。

2 烤箱预热至 170℃。

3 用小勺盛 1 勺混合好的面糊，倒在铺有烤纸的烤盘上，用汤勺或叉子整形成平整的圆饼，注意杏仁片不要叠在一起，饼身会自然延展，摆放时要留出适当的间距。送入烤箱，烘烤 8 ～ 10 分钟，烤至金黄色。

4 用刮板将瓦片酥从烤盘上取下。如果想做出弧度，可以趁热用擀面杖等轻轻卷一下（最好带上手套操作）。卷好后放在冷却架上冷却，防潮保存。

※ 可以变化出多种口味。推荐尝试酸橙、柠檬、花椒、黑七味①、薰衣草风味的杏仁瓦片酥。把面糊分成 4 份，每份中加 1/2 小勺香料，可以一次做出多种口味，试着创造新口味吧。

※ 如果一次烤不完，剩下的面糊要保存好，以免面糊风干，分 2 ～ 3 次烘烤。

---

①日本京都一家老店"原了郭"制作的七味粉，香味与辣味并重，主要原料有红辣椒、山椒、黑芝麻、白芝麻、芥子、麻实和青海苔。

猫舌饼

原料（可以做 24 ～ 27 块）

a
┌ 低筋面粉　40 克
└ 糖粉　20 克
┌ 蛋白　50 克（室温回温）
└ 糖粉　20 克
鲜奶油　80 克

1 混合原料 a，筛入搅拌碗中备用。烤箱预热至 170℃。

2 在蛋白中加入少量糖粉，用电动打蛋机打发。蛋白打至七分发时，分次加入剩余的糖粉，继续打发，直到提起打蛋机时附着在打蛋头上的蛋白霜能拉出尖角，末端弯曲，像一个小人在鞠躬。

3 在 1 中加入鲜奶油，用刮板搅拌均匀，然后分两次加入打好的蛋白霜，搅拌至饼干糊细腻软滑。

4 盛 1 小勺饼干糊，扣在铺有烤纸的烤盘上，修整成圆形，留出适当间距，送入烤箱烘烤 12 ～ 15 分钟。烤至饼身四周呈金黄色时，用刮板铲起。这时饼干中心部分还很软，如果想做出漂亮的弧度，可以将其趁热放在擀面杖等棒状物上，轻轻按压成型（饼干还比较烫，最好戴上手套操作）。把定型的饼干放在冷却架上冷却，注意防潮保存。

※ 理想状态的饼干糊盛到烤盘上之后能够自然地小幅延展、摊开。如果不能自然摊开，说明蛋白打发过度。这时可以搅拌一下饼干糊以适量减少泡沫，让饼干糊变得稀软一些。

※ 如果一次烤不完，要妥善保管饼干糊，以免被风干，分 2 ～ 3 次烘烤。

香料。从右上方开始沿顺时针方向依次是红紫苏、青香橙、生姜、花椒粉、薰衣草。

摊平面糊时尽量不要让杏仁片重叠，这样才能烤出薄薄的瓦片酥。

饼干糊会自然延展、变薄，所以盛放时要留出约 5 厘米的间距。

把饼干卷出弧度，看起来就像小猫的舌头一样。

杏仁瓦片酥

图片中的杏仁瓦片酥中完全不含黄油和其他油脂，这可能让人有些意想不到。

它们很适合当作零食享用，百吃不厌，制作时只需把原料搅拌均匀即可。

要做出又薄又脆的瓦片酥并不需要什么高难度的技巧。

生姜风味

红紫苏风味

香橙风味

猫舌饼

这款纤薄的饼干做法很简单。

原料中不含黄油，是不是有些意外？

纤薄的饼身是在烘烤过程中自然形成的。

☑ 打发蛋白是最关键的一步，要严格按照配方操作。

果仁饼干 榛子风味

原料（约 35 块）
榛子仁（生的） 50 克
┌ 蛋白 50 克
└ 糖粉 75 克

1 用食品料理机或刀将榛子仁打碎或切碎。烤箱预热至 130℃。

2 蛋白中加入 1/4 的糖粉，用电动打蛋机打发，打至蛋白雪白光润、体积膨胀时，分次加入剩余的糖粉，继续打发。

3 糖粉全部加入后再打发一会儿，然后一边将蛋白隔水加热至 40℃ ～ 45℃，一边低速打发。注意不要加热过度，必要时将搅拌碗从热水中取出。蛋白霜打至七分发，光亮柔滑（不要太膨松）即可。加入榛子仁，拌匀。

4 用小勺取适量 3，盛到铺有烤纸的烤盘中，修整成圆形。送入烤箱烘烤 40 ～ 45 分钟，烤至表面稍稍变色即可，取出放在冷却架上冷却。要注意防潮保存。

※ 也可以用核桃代替榛子。

※ 饼干糊最理想的状态是盛在烤盘上之后能够略微自然延展。如果不能自然延展摊开，说明蛋白打发过度，这时可以用刮刀搅拌一下，适量减少泡沫，让饼干糊变得稀软一些。

※ 如果一盘烤不完，要保存好剩余的饼干糊，以免风干，分 2 ～ 3 次烘烤。

果仁饼干 杏仁 & 葡萄干风味

原料（约 20 块）
杏仁（生的） 60 克
葡萄干 50 克
低筋面粉 25 克
细砂糖 75 克
蛋白 22 克

1 杏仁放入预热至 160℃ 的烤箱中烘烤 12 ～ 15 分钟，取出，每颗切成 3 小块。葡萄干用热水洗净，拭干水分，备用。

2 把低筋面粉和砂糖放入搅拌碗中混合，加入打散的蛋白，用打蛋器搅拌均匀。搅拌时尽量让原料中裹入空气，混合至饼干糊细腻润滑。刚开始饼干糊略硬，慢慢搅拌至黏稠状态。

3 加入杏仁粒和葡萄干，用刮板搅拌均匀。

4 烤箱预热至 160℃。

5 用勺子取适量饼干糊，盛在铺有烤纸的烤盘上，留出足够间隔，入烤箱烘烤 15 ～ 20 分钟。烤至饼干变成浅咖啡色、香气四溢即可。出炉后放在冷却架上冷却，注意防潮保存。

※ 如果一盘烤不完，保存方法请参考榛子风味果仁饼干。

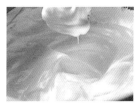

不要把蛋白打到能用电动打蛋机拉出尖角的状态。打至七分发，柔软黏稠即可。

蛋白霜打好后，加入果仁拌匀，用勺子盛取做好的饼干糊，摊在烤盘上，即可送入烤箱。

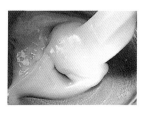

蛋白可以不打发，但搅拌时要尽量裹入空气，使饼干糊细腻润滑。

烘烤时饼干会膨胀，所以摆放时要留出间隔。

榛子风味

果仁饼干

无论制作哪种风味的饼干，都只需将原料放入搅拌碗中搅拌均匀，送入烤箱低温烘烤即可。

加入白色榛子仁的饼干吃起来酥脆清爽，无需添加面粉。浅咖啡色的杏仁 & 葡萄干饼干香脆之中融入了葡萄干的甜软。

杏仁 & 葡萄干风味

☑ 谷物、坚果、水果可以根据自己的喜好搭配，但要保证用量与其他原料比例平衡。

多谷物酥

原料（用边长 24 ～ 26 厘米的方烤盘做一盘）
a（共 170 克）
├ 喜欢的谷物　90 克
├ 杏仁片　35 克
├ 葡萄干　35 克
└ 葵花子或南瓜子　10 克
细砂糖　25 克
蜂蜜　25 克
蛋白　25 克

1 将原料 a 与细砂糖倒入搅拌碗中，加入蜂蜜搅拌均匀。

2 分次加入打散的蛋白，用手抓拌均匀，当各种原料能粘在一起时就不要再加蛋白了。

3 烤箱预热至 190℃。在烤盘上铺烤纸，撒入拌好的原料，松松地摊成薄薄的一层，留少许空隙。送入烤箱烘烤 6 ～ 8 分钟，略微变色后，将烤箱温度降至 180℃，再烤 5 ～ 10 分钟。在烘烤过程中，要取出烤盘，用刮刀翻面，均匀地烤至浅咖啡色。

4 连烤盘一同取出放在冷却架上冷却。成品刚出炉时很松软，冷却后会变得酥脆，可以直接用手掰成大小适当的块。

※ 可以根据自己的喜好选用玉米片或燕麦片等谷物。选用花生和腰果、西梅干等坚果和干果时，如果颗粒较大，要先切碎。可灵活运用手边现成的食材制作。

加入蛋白搅拌，使各种原料粘在一起。

铺入烤盘中烘烤。烘烤过程中翻面，烤出诱人的香味。

多谷物酥

这款用家里剩余的各种谷物和坚果、干果加工成的甜点自然香甜，可以在聚会时拿出来和大家一起分享。成年人也非常喜欢。

☑ 把握好黄油加入蛋液后的打发程度，加入面粉后不要搅拌过度。

☑ 蛋液要一次全部加入到黄油中。

纸杯蛋糕（甜味） 香蕉风味

原料（7 个直径 6.5 厘米、高 4 厘米的蛋糕）
香蕉（选用香味浓郁的香蕉，去皮称量） 150 克
无盐黄油　100 克（室温回温）
a
┌ 红糖　10 克
└ 细砂糖　55 克
鸡蛋　65 克（室温回温）
b
┌ 低筋面粉　110 克
└ 泡打粉　2 克

1 取 50 克香蕉切成约 3 毫米厚的圆片做装饰，剩余的用叉子大致压碎，注意不要挤出汁水。烤箱预热至 180℃。

2 将黄油切成厚度相同的片，用保鲜膜包好，室温回温，或用微波炉稍微加热一下，用手指按一下可以按出小坑就表示软化到位了。将黄油和原料 a 中的两种糖一起倒入搅拌碗中，用刮刀大致搅拌均匀。

3 电动打蛋机调至高速，打发黄油 30 秒，打至黄油呈乳白色、光滑柔润时加入蛋液，继续高速打发 3 分钟。刚开始，蛋液与黄油还未完全混合，渐渐地你会觉得手感有些沉重，黄油变得黏稠、略微发硬。只要继续打发一会儿，黄油就会重新变得蓬松轻盈，状态类似奶油。

4 加入压碎的香蕉，用刮刀拌匀。倒入混合、过筛的原料 b，搅拌至看不到干粉。

5 将做好的蛋糕糊盛入纸杯中，大约八分满，装饰两三块香蕉片。送入烤箱，烘烤约 25 分钟。

纸杯蛋糕（甜味） 谷物风味

原料（6 ～ 7 个直径 6.5 厘米、高 4 厘米的蛋糕）
无盐黄油　100 克（室温回温）
a
└ 细砂糖　65 克
鸡蛋　60 克（室温回温）
牛奶　60 克（室温回温）
b
┌ 低筋面粉　120 克
└ 泡打粉　3 克
c
┌ 全麦粉　10 克
├ 燕麦片　20 克
├ 核桃仁　20 克（烤箱调至 150℃，烘烤 7 ～ 8 分钟，切成粗粒）
├ 葡萄干　40 克（先用温水浸泡一下）
└ 杏干　20 克（用水快速冲洗一下，切成长 5 毫米的小块）

1 烤箱预热至 180℃。

2 打发黄油，做法与香蕉纸杯蛋糕第 2、3 步相同。

3 加入牛奶，打发 1 分钟。牛奶和黄油未完全融合也没关系。

4 加入混合、过筛的原料 b 和原料 c，用刮刀搅拌至看不到干粉。

5 将蛋糕糊盛入纸杯中（约八分满），放入烤箱烘烤 25 分钟左右。

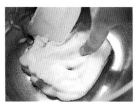

当黄油软化至用手指轻轻一按便可按出小坑时，再开始进行下一步操作。

将黄油和蛋液打发至奶油状是非常关键的一步，但注意不要打发过度。

香蕉大致压碎即可与其他原料混合。

香蕉风味

纸杯蛋糕

（甜味）

只是简单地把各种原料搅拌在一起做出
的蛋糕会不会松软度不足呢？
用这样简单的方法就能做出蓬松柔软的
蛋糕正是让我引以为豪之处。
香蕉纸杯蛋糕闻起来香甜诱人，谷物纸
杯蛋糕散发着全麦粉和坚果的自然香味。

谷物风味

☑ 加入粉类原料后不要过度搅拌。

纸杯蛋糕（速发型） 培根风味

原料（6 个直径 6.5 厘米、高 4 厘米的蛋糕）
培根片　2 片
鸡蛋　50 克（室温回温）
a
├ 细砂糖　5 克
├ 牛奶　100 克（室温回温）
├ 鲜奶油　50 克（室温回温）
└ 色拉油　30 克
b
├ 低筋面粉　140 克
└ 泡打粉　4 克
帕尔玛干酪（擦碎）　40 克
黑胡椒　少许
欧芹（切末）　1½ 大勺

1 将培根切碎，炒出油脂，盛出，放在厨房用纸上吸去多余油脂，备用。烤箱预热至 180℃。
2 混合原料 b，过筛，加入帕尔玛干酪和黑胡椒，拌匀。
3 将鸡蛋打入搅拌碗中，用打蛋器打散，加入原料 a，搅拌均匀。
4 在 3 中加入 2 的原料、培根和欧芹，用刮刀搅拌均匀，盛入纸杯中，约八分满。放入烤箱中烘烤 25 分钟左右。

纸杯蛋糕（速发型） 土豆泥风味

原料（5 ～ 6 个直径 6.5 厘米、高 4 厘米的蛋糕）
土豆（去皮，蒸熟）　85 克
鸡蛋　40 克（室温回温）
牛奶　80 克（室温回温）
鲜奶油　80 克（室温回温）
无盐黄油　25 克
盐　1 克
细砂糖　2 克
a
├ 低筋面粉　100 克
└ 泡打粉　3 克
香葱（或胡葱，切成末）　2 大勺

1 制作土豆泥。用捣碎器把煮熟的土豆压碎。烤箱预热至 180℃。
2 混合鸡蛋、牛奶、奶油，加入软化的黄油，用打蛋器搅拌均匀，然后拌入盐和细砂糖。
3 加入混合、过筛的原料 a，用刮刀切拌至没有干粉。
4 在 3 中加入土豆泥和香葱拌匀，盛入纸杯中，至八分满，放入烤箱烘烤 25 分钟左右。

加入所有原料搅拌。

混合土豆泥和面糊，轻轻搅拌均匀，盛入纸杯中。

纸杯蛋糕（速发型）

咸味蛋糕可以作为早餐，制作过程非常简单，蛋液不必打发，只需搅拌均匀即可烘烤出蓬松绵软的蛋糕。

土豆泥风味的纸杯蛋糕口感很特别，培根风味的纸杯蛋糕中融入了干酪的咸鲜味。

土豆泥风味

☑ 布丁碗不必太深，能盛放约 2 厘米深的布丁液即可。

☑ 要等到焦糖布丁完全冷却后，再用烧烤架烤出焦糖层。

焦糖布丁　香草风味

原料（用直径为 6 ～ 8 厘米的布丁碗可做 3 份）

┌ 牛奶　45 克
└ 细砂糖　15 克

鲜奶油　200 克

┌ 蛋黄　45 克
└ 细砂糖　20 克

香草荚　1/6 根

a

┌ 黄蔗糖　20 克
└ 细砂糖　10 克

1 在锅中倒入牛奶、砂糖、50 克鲜奶油。剖开香草荚，取出香草子，和香草荚一起放入锅中加热。煮沸后关火，加入剩余的鲜奶油，搅拌均匀（温度为 50℃ 左右，如果温度过低可以隔水加热）。

2 蛋黄中加入细砂糖，搅拌至颜色发白、滑润有光泽。加入 1 中的牛奶继续搅拌，过滤。

3 在布丁碗中加入深 2 厘米的布丁液，撇去浮沫。

4 烤箱预热至 130℃。把布丁碗放在铺有厨房用纸的烤盘中，在烤盘内倒入热水。烘烤 25 分钟后，把温度降至 120℃，继续隔水蒸烤 15 ～ 20 分钟，晃动布丁碗，布丁表面凝固即可。

5 布丁冷却后，在表面均匀地筛上混合的原料 a，用蛋糕喷枪或放在充分预热的烧烤架上强火烤至布丁表面呈现焦糖色。

※ 隔水蒸烤时，在烤盘上铺一层厨房用纸，可以使布丁底部更柔软，口感更嫩滑。

焦糖布丁　焙茶风味

原料（用直径 6 ～ 8 厘米的布丁碗可做 3 份）

┌ 牛奶　75 克
├ 焙茶叶片　7 克
└ 细砂糖　15 克

鲜奶油　200 克

┌ 蛋黄　45 克
└ 细砂糖　15 克

a

┌ 黄蔗糖　20 克
└ 细砂糖　10 克

1 制作焙茶风味的牛奶。牛奶煮沸，放入焙茶，再次煮沸后关火，加盖焖 7 ～ 10 分钟。用纱布过滤并挤出牛奶（大约 40 ～ 50 克）。趁热在牛奶中加入细砂糖，搅拌至砂糖溶化。加入奶油混合，重新加热至 50℃。

2 接下来的做法与香草风味焦糖布丁第 2 ～ 5 步相同。

要选择较浅的容器，布丁液不要加得过满。

表面的糖烤至焦化后，布丁表面会变脆。加入黄蔗糖，可以轻松烤出漂亮的焦糖色。

在牛奶中加入焙茶，煮沸。

香草风味

焦糖布丁

与普通的蛋奶布丁相比，这款布丁做法
更容易掌握，口感嫩滑纯正。

如果没有蛋糕喷枪，用烧烤架也可以在
布丁表面烤出香脆的焦糖层。

你会发现焙茶的清香与鲜奶油的醇厚是
如此完美和谐。

焙茶风味

明胶

下面向大家介绍几种简单的用明胶制作的甜点，正因为简单，口感就显得更重要了。

本书中的配方用的是 Maruha 品牌的明胶片。

☑ 品牌不同，明胶的黏稠度（会影响口感）也有差别。本书中的配方用的是比较容易买到的Maruha品牌的明胶片。

专业的甜点大师多使用Ewald品牌的明胶片，这款明胶的黏稠度和口感也不错，可以作为备选。但是这种明胶市场上不易买到，整箱购买数量太多，短时间用不完。如果选用Ewald明胶片，请按配方中明胶用量的1.2倍添加。

Ewald 明胶片。使用这种明胶片时，用量为本书配方用量的 1.2 倍。

☑ 要用电子称准确称量。取少量明胶片放在称上称重，逐量添加直至达到所需用量。1克的误差也会产生明显的口感差异，所以要多称几次，保证用量准确。

用冷水泡发明胶片，需要浸泡 15 ～ 20 分钟。

☑ 明胶片可以用冷水浸泡。夏天时，最好将明胶浸在水中放入冰箱浸泡。如果浸泡时间太长，明胶会吸入过多水分，影响原料比例，所以浸泡时间以15～20分钟为宜，泡好后用笊篱捞出，一定要用茶篓或筛网沥干水分。泡好的明胶如果暂时不用，可以用保鲜膜包好，放入冰箱冷藏保存。

☑ 使用Maruha品牌的明胶粉时，用量与书中配方相同，但需要加入相当于明胶用量5倍的水，并用小号打蛋器快速充分搅拌，然后放入冰箱冷藏。浸泡20分钟左右。

将沥干水分的明胶片放入温热的液体中，充分溶解。

☑ 本书中用明胶做的甜点凝固后口感幼滑柔嫩，享用前最好能在冰箱中冷藏5个小时以上。

冷藏制作的甜点

冷冻制作的甜点

☑ 牛奶或豆浆不要煮沸（煮沸后水分蒸发会改变原料中的水分含量，请选用成熟变色的薰衣草）。

☑ 把薰衣草放入牛奶中浸泡一夜，可以让牛奶染上淡淡的薰衣草香，而颜色不变。

牛奶冻　薰衣草风味

原料（4～5人份）
牛奶　170 克
薰衣草（浸泡用）　1½ 小勺（约 1.3 克）
细砂糖　22 克
明胶片　3 克（用足量冷水浸泡 15～20 分钟）
鲜奶油　110 克

1　把薰衣草浸泡在牛奶中，密封好放入冰箱冷藏一夜。

2　过滤 1 中的牛奶，加热至 50℃。放入细砂糖和沥干水分的明胶，明胶溶化后浸入冰水中隔水冷却至奶冻液变黏稠。

3　将搅拌碗底部浸入冰水中，倒入鲜奶油，隔水打至四五分发，倒入 2 中，搅匀后分成 4～5 份倒入容器内，放进冰箱冷藏凝固。

牛奶冻　豆浆风味

原料（4～5人份）
豆浆（原味）　170 克
细砂糖　25 克
明胶片　3 克（用足量冷水浸泡 15～20 分钟）
鲜奶油　130 克
黑糖蜜
├黑糖　40 克
└水　40 毫升

1　豆浆加热至 50℃。接下来的做法与薰衣草风味牛奶冻第 2～3 步相同。

2　黑糖加水搅拌均匀，煮至砂糖溶化，冷却后淋在牛奶冻上即可。

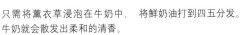

只需将薰衣草浸泡在牛奶中，　将鲜奶油打到四五分发。
牛奶就会散发出柔和的清香。

牛奶冻

牛奶冻（blancmange）意思是"白色的美味"。

用散发着淡淡薰衣草香的牛奶做成的牛奶冻口感细滑。

鲜奶油经过打发，吃起来绵软蓬松。豆浆风味的牛奶冻口感更是幼嫩非常。

薰衣草风味

椰奶冻

原料（4 人份）
牛奶　260 克
水　20 毫升
细砂糖　17 克
椰子粉　35 克
明胶片　5 克（用足量冷水浸泡 15 ～ 20 分钟）
葡萄、木瓜、浆果等自己喜欢的水果　50 ～ 100 克
糖浆
├ 细砂糖　30 克
├ 水　90 毫升
└ 酸橙汁（过滤）　1 大勺

1 将牛奶、水、细砂糖、椰子粉倒入小锅中，搅拌均匀，加热至砂糖溶化，
  煮沸后立即关火。放入沥干水分的明胶，搅拌至明胶溶化。
2 将 1 过滤到搅拌碗内，并将碗底浸入冰水中，隔一会儿搅拌一次。椰奶
  冻液变黏稠后倒在平盘中，放入冰箱冷却凝固。
3 细砂糖加水煮成糖浆，冷却后加入酸橙汁。把水果切成长 7 毫米的小丁。
4 将椰奶冻切成小方块，和水果丁一起盛在盘中，淋上糖浆，也可以撒些
  擦碎的酸橙皮。

※ 你可以选用自己喜欢的水果，如果选用菠萝和猕猴桃等应在食用时再与椰奶冻盛
  放在一起，这类水果会使明胶溶解。

将牛奶、水、椰子粉和细砂糖搅拌
均匀，开火加热，使砂糖溶化，煮
沸后立即关火。

椰奶冻

这道小甜点以椰子粉为原料，做法十分简单，比牛奶冻更有弹性。

把椰奶冻切成小方块，搭配自己喜欢的水果尽情享用吧。

☑ 混合酸奶和明胶，迅速搅拌至黏稠状态，加入打到六分发的鲜奶油搅拌均匀。

酸奶慕斯

原料（6～7人份）
原味酸奶　400克（冷藏保存）
明胶片　7克（用足量冷水浸泡15～20分钟）
鲜奶油　160克
细砂糖　55克
柠檬汁　1大勺
巨峰葡萄　12粒

1 浸泡好的明胶沥干水分，放入搅拌碗中隔水加热，溶化后拌入50克冷藏保存的酸奶，搅拌均匀。如果搅拌碗底还有未完全溶化的明胶，再隔水加热一次，让明胶完全溶化。

2 把尚有余热的1过滤到剩余的酸奶中，迅速用打蛋器搅拌均匀。

3 在鲜奶油中加入细砂糖，浸入冰水中隔水打至六分发，加入2中。淋入柠檬汁，搅拌均匀，慕斯液就做好了。

4 将3倒入搅拌碗中，碗底浸在冰水里，不时搅拌一下，慕斯液变得黏稠后取适量倒入模具内。葡萄去皮、去子，切成大小适当的块，撒在慕斯液上，然后倒入剩余的慕斯液。放入冰箱冷藏至凝固。

※ 也可以用其他品种的葡萄或西梅、木瓜、草莓、杏等水果来代替巨峰葡萄，都很美味。

把明胶酸奶液直接过滤到剩余的酸奶中，并迅速搅拌均匀。

酸奶慕斯

淡淡的酸奶味让人回想起巴伐利亚奶油
布丁的味道。

这道甜点利用了酸奶的天然味道，请选
用自己喜欢的原味酸奶。

☑ 把各种香料放入牛奶和奶油中浸泡一会儿，让牛奶和奶油染上香料的清香。

☑ 为防止奶油出现油水分离，请冷藏保存，使用时再取出。

意式奶油布丁 天然香料风味

原料（4～5人份）
牛奶 115 克
┌ 香草荚 1/6 根
├ 生姜（去皮） 10 克
├ 肉桂 1/3 根
├ 橙皮 要用 1/3 个橙子
└ 柠檬皮 要用 1/3 个柠檬
鲜奶油 200 克（冷藏保存）
细砂糖 27 克
明胶片 3 克（用足量冷水浸泡 15～20 分钟）

1 把牛奶倒入锅中。剖开香草荚，取出香草子，和香草荚一起放入锅中。生姜切成 3 毫米厚的片、肉桂压碎，放入锅中。

2 橙子和柠檬洗净后，直接把果皮削到牛奶锅中（最好让果汁也滴落到锅里），注意只削取表皮，不要带入果皮中白色的部分。

3 开火加热，煮沸后继续煮 10 秒，然后加入鲜奶油。

4 再次煮沸后关火，加盖泡 15 分钟，使牛奶染上香料的清香味道。

5 4 中加入细砂糖，搅拌至溶化，再放入沥干水分的明胶，用余温使明胶溶化。

6 将 5 过滤到搅拌碗中，按压留在滤网上的香料，尽量挤出其中的液体。

7 把搅拌碗底部泡入冰水中，不时搅拌一下，布丁液变得黏稠后分成几份盛入容器中，放入冰箱冷藏至凝固。

※ 完成第 4 步后，可以尝一尝牛奶是否染上了香料的味道。如果味道不够浓，可以再泡一会儿。如果牛奶变凉，重新加热到 45℃ 左右即可。

※ 为防止奶油出现油水分离，使用前请放在冰箱中冷藏。不要加入沉淀在盛装奶油的盒子内壁上的乳脂，以免影响成品口感。

意式奶油布丁 香草风味

原料（4～5人份）
牛奶 120 克
┌ 酸橙或柠檬皮 要用 1/4 个水果
├ 百里香（取叶片） 1 枝
└ 迷迭香（取叶片，切碎） 略多于 1/2 小勺
鲜奶油 200 克（冷藏保存）
细砂糖 27 克
明胶片 3 克（用足量冷水浸泡 15～20 分钟）

1 把牛奶倒入锅中，酸橙洗净，把果皮削入锅内，果皮只取表层，尽量不要带白色部分。加入百里香叶和切碎的迷迭香。

2 大火煮沸后转小火煮约 1 分钟，加入鲜奶油。接下来的操作与天然香料风味奶油布丁第 4～7 步相同。

在牛奶中加入各种香料煮沸，加盖浸泡。

过滤后，用刮刀挤压出香料中的液体。

意式奶油布丁

意式奶油布丁原意为"煮过的鲜奶油"，
是一款著名的意大利甜点。
加热后的牛奶不仅更香醇，还浸入了各
种香料的味道。
只要按步骤操作，就可以轻松做出又嫩
又滑的奶油布丁。

香草风味

☑ 黑糖具有独特的甜味，可以使杏仁的香味更柔和。
☑ 要用冷牛奶与杏仁霜混合。

爽口杏仁布丁

原料（5 ~ 6 人份）
杏仁霜　14 克
牛奶　400 克
黑糖　25 克
鲜奶油　150 克（冷藏保存）
明胶片　6 克（用足量冷水浸泡 15 ~ 20 分钟）
香料糖浆
├ 细砂糖　35 克
├ 小豆蔻、丁香　各 2 ~ 3 颗
├ 肉桂　1/2 根
└ 水　200 毫升

1 在牛奶中加入杏仁霜，搅匀后放入黑糖加热至溶化，接近沸腾时关火，加入鲜奶油。

2 将 1 加热至 50℃，加入沥干水分的明胶，搅拌至明胶溶解，过筛。

3 将 2 倒入搅拌碗，把碗底浸入冰水中，不时搅拌一下。布丁液呈黏稠状后，分成 5 ~ 6 份倒入准备好的容器里，放入冰箱冷藏至凝固。

4 熬制糖浆。将制作香料糖浆的原料放入锅中加热，煮沸后转小火熬煮 2 ~ 3 分钟。静置冷却，浸出香料的天然味道，过筛备用。

5 享用时，在做好的的果冻上淋些糖浆，也可以加一些自己喜好的香料做装饰。

※ 杏仁霜是一种中式甜点原料。配方中杏仁霜的用量是按照没有添加寒天粉或其他增稠剂的纯杏仁霜来计算的。

直接把杏仁霜拌入热牛奶中会使杏仁霜中的淀粉结成颗粒状，因此要在加热前先将牛奶和杏仁霜搅拌均匀。

☑ 把芝麻酱搅拌至完全化开，与牛奶混合均匀。
☑ 不必添加鲜奶油，芝麻酱中的油脂即可满足所需。

芝麻酱牛奶布丁

原料（4 ~ 5 人份）
牛奶　350 克
白芝麻酱　25 ~ 28 克
细砂糖　23 克
明胶片　5 克（用足量冷水浸泡 15 ~ 20 分钟）
黑糖蜜
├ 黑糖　40 克
└ 水　40 毫升

1 牛奶、芝麻酱、细砂糖放入锅中加热，同时用打蛋器搅拌。煮开，待芝麻酱完全化开后关火。

2 明胶沥干水分，加入 1 中，搅拌至明胶融化后过筛。

3 将 2 浸入冰水中隔水冷却，不时搅拌一下。布丁液变得黏稠后倒入模具中，放入冰箱冷却至凝固。

4 黑糖加水煮沸，熬至完全溶化，冷却后淋在脱模的布丁上。

边煮边用打蛋器搅拌，煮至沸腾，使芝麻酱与牛奶混合均匀。

想做出柔嫩细滑又不分层的布丁，要在布丁液变得黏稠后立刻倒入模具中。

爽口杏仁布丁

这道甜点用市售的杏仁霜即可轻松制作完成。

杏仁的香醇味道搭配香料糖浆，让人陶醉在异国风味之中。

芝麻酱牛奶布丁

用牛奶化开芝麻酱，然后加入泡好的明胶冷却凝固即可。

享用时淋上黑糖蜜。

这道小甜点做法简单，芝麻的香醇风味搭配布丁的嫩滑口感，带来一种绝妙的味觉享受。

柑橘果冻 （选用葡萄柚、日本甘夏蜜橘等）

原料（5～6人份）
柑橘类水果　适量（葡萄柚大约需要2个）
柠檬汁　少许～1小勺
明胶片　6克（用足量冷水浸泡15～20分钟）
细砂糖　30～35克
水　65毫升
柠檬马鞭草、薄荷等（选用现有的香草即可）　适量

1　用榨汁机或叉子榨出果汁300毫升，倒入搅拌碗中，加入柠檬汁。
2　将细砂糖和水倒入小锅中煮沸，关火。加入沥干水分的明胶，搅拌至明胶溶化。
3　把2过滤到1中。将搅拌碗浸入冰水中隔水冷却，不时搅拌一下，果冻液变得黏稠后倒入容器内，放入冰箱冷藏至凝固。
4　享用前淋上一点剩余的果汁，或者根据喜好榨一些鲜果汁淋在果冻上。制作时可以用大号容器盛放，吃的时候切成小块，也可以用小号容器做成一人份。如果手边有现成的香草，可以依据个人口味适量添加。

※请根据水果的甜度和个人口味适量添加砂糖和柠檬汁。如果选用日本甘夏蜜橘，大约需要加35克砂糖，可以不加柠檬汁。

选用你喜欢的柑橘类水果，榨出果汁。　用热糖浆溶解明胶，果汁无需加热。

葡萄柚果冻

柑橘果冻

请选用甘夏蜜橘、葡萄柚、橘子、夏橙
等自己喜欢吃的柑橘类水果。
榨出果汁，做成软滑的果冻。
淋上新鲜果汁，更加清新爽口。

甘夏蜜橘果冻

☑ 控出酸奶中部分水分，控过水的酸奶重量为之前的 2/3。

☑ 鲜奶油不要打发过度。

安茹白乳酪蛋糕风味布丁

原料（4 ~ 5 人份）
原味酸奶 350 克
细砂糖 20 克
鲜奶油 90 克
树莓（可以用冷冻的） 4 ~ 5 颗
果酱
├ 甜杏果酱 15 克（过筛）
├ 糖粉 10 克
└ 树莓果泥（冷冻） 50 克

1 借助厨房用纸控出酸奶中的水分。把厨房用纸铺在咖啡过滤杯中，再倒入酸奶控水十分方便。把盛有酸奶的过滤杯放入冰箱中冷藏 3 小时左右，控出水分，直至酸奶的重量相当之前的 2/3（约 200 克）。

2 将控过水的酸奶倒入搅拌碗中，加入细砂糖搅拌均匀。

3 奶油打至八分发，黏稠度与酸奶相近，倒入酸奶中拌匀。

4 把纱布（长 30 厘米、宽 20 厘米，做几份就准备几块纱布）铺平，将第 3 步做好的布丁液分成等量的几份，倒在纱布上，在每份布丁液中放一颗树莓。包好纱布，整理成球形。放入铺有两层厨房用纸的密封容器，在冰箱中冷藏 3 小时左右。

5 制作果酱。用橡胶刮刀将甜杏果酱切拌柔软，加入 1/2 的糖粉，搅拌均匀。树莓果泥解冻后，取 1/3 拌入果酱中，搅拌至果酱浓稠。依次加入剩余的糖粉和果泥，每加入一种原料后都要搅拌均匀。

6 享用时淋上果酱（每份盛 1 大勺）。

※ 如果没有充足的时间，可以省略第 4 步，把酸奶和奶油混合后迅速搅拌均匀，直接倒入容器中冷藏至凝固，享用时淋上果酱。

※ 如果买不到树莓果泥，可以把新鲜树莓（或冷冻的）压碎、过滤，代替果泥。

用咖啡过滤杯可以轻松控出酸奶中的水分。

用纱布包好后放在厨房用纸上再控一下水分，成品的造型和风味会更地道。

安茹白乳酪蛋糕风味布丁

控出酸奶中的部分水分，再添加少量鲜
奶油，即使不加乳酪，也可以做出香醇
的味道。
只要多花点时间，便可轻松享受安茹白
乳酪蛋糕（Crémet d'Anjou，法国卢瓦尔
地区的特色甜点）的纯正风味。

☑ 选用两种可可含量不同的考维曲巧克力^①。
☑ 添加水饴有助于保持软滑的口感。

生巧克力

原料（用 11×14 厘米的模具可做 1 份）
考维曲巧克力（牛奶味，可可含量为 35% ~ 40%） 135 克
考维曲巧克力（甜味，可可含量为 60% ~ 65%） 25 克
无盐黄油 8 克
a
├ 鲜奶油（乳脂含量为 35%） 75 克
└ 水饴 8 克
可可粉 适量

1 模具中铺一层烤纸备用。巧克力尽量切得碎一些，黄油切成 5 毫米的小丁，和切碎的巧克力一起放入搅拌碗中。

2 把原料 a 倒入锅中加热，煮沸后立刻离火，画圈倒入 1 中，用橡胶刮刀搅拌均匀，加盖静置 30 秒。用打蛋器慢慢搅拌至巧克力溶化、巧克力溶液浓稠，不要打起泡沫。

3 将巧克力溶液倒入模具中，用竹签挑破表面的大气泡。放入冰箱至少冷却一晚。

4 把冷藏好的巧克力块连带烤纸一起从模具中取出，揭下烤纸。小刀用温水浸一下，将巧克力块切成自己喜欢的形状。裹上可可粉，再用小号筛网在表面薄薄地筛一层可可粉。

※ 在第 2 步中，如果巧克力溶液变得浓稠、有光泽，说明乳化成功。即使巧克力没有完全溶化，还有一些小颗粒也无妨，直接倒入模具中冷却即可，但不要隔水加热，这样可能会使原料出现油水分离。

※ 切块、裹上可可粉的生巧克力请在 4 ~ 5 天内吃完（10℃ ~ 15℃室温保存）。在模具中密封冷藏整块生巧克力可保存 1 周左右。

---

① couverture chocolate，也称调温巧克力，指巧克力工艺师和甜点师用作原材料的巧克力，含至少 31% 的可可脂，溶化速度快，容易操作。用这种巧克力作甜点涂层可以使成品外观富有光泽。

巧克力香醇诱人，要尽量切得碎一点。

倒入添加了水饴的温热奶油后，加盖静置片刻。

慢慢搅拌至巧克力溶液柔滑黏稠，注意不要搅起泡沫，倒入模具中。

生巧克力

无需多次回温加热就可以轻松做出香浓
纯正的口味，
这便是生巧克力带来的幸福与乐趣。
细细品味，可以感受到食材特有的天然
风味。

☑ 干果不必用利口酒浸泡，以充分释放其自然风味。

松露巧克力　西梅风味

原料（用长 13 厘米、宽 10 厘米、深 4.5 厘米的模具可做 1 份）
西梅干　80 克
考维曲巧克力（牛奶味，可可含量为 35% ~ 40%）　145 克
无盐黄油　25 克
鲜奶油　75 克
干邑白兰地酒（Cognac）　1 大勺
杏仁片　30 克（烤箱预热至 150℃，烘烤 7 ~ 10 分钟，至浅咖啡色），或可可粉适量

1 西梅干用温水（40℃ ~ 50℃）浸泡 10 分钟，捞出沥干水分，切成长约 1 厘米的小丁。
2 在模具内垫一层烤纸，备用。巧克力尽量切得碎一些，放入搅拌碗中。黄油切成 5 毫米的小丁。
3 把鲜奶油倒入小锅中加热，煮沸后立即倒入黄油混合，然后画圈倒入盛放巧克力的搅拌碗中，用打蛋器慢慢搅拌至巧克力溶化。
4 加入西梅干和干邑白兰地酒继续搅拌。倒入铺有烤纸的容器内，放入冰箱冷藏一晚，冷却凝固。
5 挖球器用热水泡热，把冷藏过的巧克力挖成球状，用掌心揉圆。裹上杏仁片或可可粉。用同样的方法处理剩余的巧克力。

※ 与做生巧克力不同，巧克力溶液中加入奶油后要快速搅拌。如果巧克力没有完全溶化，可隔水加热，不必担心油水分离。
※ 裹有杏仁片的松露巧克力建议当日吃完，裹有可可粉的松露巧克力 2 ~ 3 日内吃完。将第 4 步中经过冷藏的巧克力块直接密封冷藏，可以保存 1 周左右。

松露巧克力　甜杏风味

原料（用长 13 厘米、宽 10 厘米、深 4.5 厘米的模具可做 1 份）
杏干　50 克
考维曲巧克力（白巧克力）　145 克
无盐黄油　24 克
鲜奶油　53 克
樱桃酒　2½ 小勺
椰蓉　30 克

1 杏干用温水（40℃ ~ 50℃）浸泡 5 ~ 6 分钟，捞出沥干水分，切成长 5 ~ 7 毫米的小丁。
2 接下来的操作与西梅松露巧克力第 2 ~ 5 步相同（用杏干和樱桃酒代替西梅干和干邑白兰地酒），把巧克力揉成球形，裹上椰蓉。

※ 保存方法与西梅松露巧克力相同，请在 2 ~ 3 日内吃完。

巧克力完全溶化后加入西梅干。

用水浸泡杏干时不要泡太久，保留一点嚼劲更好吃。

甜杏松露巧克力

西梅松露巧克力

松露巧克力

制作松露巧克力只需将鲜奶油、黄油与溶化的巧克力混合均匀，凝固后便可享用。

干果不必预先用酒浸泡，直接加入巧克力中即可享受自然的酸甜味道。

☑ 无需添加乳制品和蛋白等原料，充分释放水果的天然味道。
☑ 为了保留果肉中的膳食纤维，在冷冻过程中无需搅拌，直接将冷冻好的水果做成刨冰即可。

水果刨冰　李子风味（索尔达姆李）

原料（方便制作的用量）
李子（选用熟透的，去核，连皮一起切碎）　300 克
糖浆
├ 细砂糖　50 克
└ 水　60 毫升

1 制作糖浆。将细砂糖和水倒入锅内煮沸，使砂糖溶化，冷却备用。
2 李子连皮切块。去核取果肉时，尽量保留果汁，与切好的李子混合。如果李子还没有熟透，要削去生硬部分。
3 把做好的糖浆与李子混合，用食品料理机打碎，直至果皮也变成细小碎块，果泥细滑。
4 将搅好的李子泥倒入金属模具中，放入冰箱冷冻一夜。冻好后用叉子做成刨冰。

水果刨冰　菠萝风味

原料（方便制作的用量）
菠萝（选用新鲜的，去皮和芯）　300 克
糖浆
├ 细砂糖　30 克
└ 水　60 毫升

水果刨冰　猕猴桃风味

原料（方便制作的用量）
猕猴桃（选用成熟的，去皮、去芯）　300 克
糖浆
├ 细砂糖　30 克
└ 水　60 毫升

水果刨冰　西瓜风味

原料（方便制作的用量）
西瓜（去皮、切块、去子）　300 克
糖浆
├ 细砂糖　20 克
└ 水　60 毫升

水果刨冰　甘夏蜜橘风味

原料（方便制作的用量）
甘夏蜜橘（或葡萄柚等柑橘类水果。去除表皮和内层薄皮）　300 克
糖浆
├ 细砂糖　40 克（根据水果的酸度适量增减）
└ 水 60 毫升

这 4 款刨冰做法相同
1 糖浆的做法与李子刨冰一样，将果肉、糖浆一同放入食品料理机内打碎。
2 与李子刨冰的第 4 步相同。
※ 猕猴桃里的子搅碎后会有涩味，成品颜色也不好看，搅拌时要保持低速。

把熟透的李子连皮一起放入食品料理机。

用食品料理机将果肉和糖浆搅成泥状，倒入模具中冷冻。

李子风味（索尔达姆李）

水果刨冰

这款刨冰保留了水果的天然芳香和果肉的自然口感，绿色健康。

冷冻时也不需要搅拌，做起来就是这么简单。

甘夏蜜橘风味

菠萝风味

西瓜风味

猕猴桃风味

酸奶刨冰

原料只需原味酸奶、糖浆、柠檬汁即可。

口感浓稠、香醇，一款让你百吃不厌的刨冰。

☑ 在酸奶中加入糖浆搅拌至浓稠。

原料
原味酸奶　200 克
糖浆
┌ 细砂糖　50 ~ 60 克
└ 水　75 毫升
柠檬汁　2 小勺

1 把细砂糖和水倒入锅中煮沸，煮至细砂糖完全溶化，冷却备用。
2 在酸奶中倒入煮好的糖浆和柠檬汁，搅拌至浓稠状。把酸奶糖浆倒入金属平盘中，要薄一些，放入冰箱冷冻 3 小时以上。
※不同品牌的酸奶味道不同，请选用自己喜欢的口味。
※这道甜点非常适合搭配酸酸甜甜的水果享用。和各种浆果一起盛在盘中就可以用来招待客人了。

用煎锅做甜点

☑ 选用新鲜荞麦粉，不加鸡蛋，充分释放荞麦粉的天然风味。

☑ 烙制时，待黄油变色散出香味后再倒入面糊。

☑ 制作黏稠的面糊（根据荞麦粉的用量，适量添加牛奶）。

荞麦可丽饼　甜味

原料（用直径 26 厘米的煎锅可做 6 个）
- 荞麦粉　80 克
- 低筋面粉　20 克
- 牛奶　适量（230 克以上）
- 盐　少许
- 细砂糖　6 克
- 无盐黄油　10 克

无盐黄油（涂抹在煎锅中）　适量

糖粉、蜂蜜　各适量

1 荞麦粉与低筋面粉过筛、混合，加入牛奶、盐和细砂糖，用打蛋器搅拌均匀。加入软化的黄油，继续搅拌。倒入牛奶时要注意观察面糊的状态，适量添加。面糊要调得稀稠适中，能够自然流动。

2 将面糊倒入有嘴的盆或其他容器内。

3 煎锅里适当多涂一些黄油，待黄油变色散出香味后，画小圈让面糊像细线一样淋入锅中，布满锅底。饼边变色后翻面，将两面煎香。

4 以同样的方法把剩余的面糊煎成 5 个可丽饼。撒上糖粉、淋上蜂蜜即可享用。

※ 可丽饼做得厚一点也没关系，口感柔软筋道，也很好吃。

荞麦可丽饼　火腿蛋风味

原料（用直径 26 厘米的煎锅可做 4 个）
- 荞麦粉　80 克
- 低筋面粉　20 克
- 牛奶　适量（260 克以上）
- 盐　1/3 小勺

无盐黄油（涂抹在煎锅中）　适量

配料（1 个份）
- 火腿　1 片
- 鸡蛋　1 个
- 乳酪（易于溶化的，切碎）　约 15 克
- 盐、胡椒　各少许

1 面粉过筛混合，加入牛奶和盐搅拌均匀。牛奶要适量添加，调成稀稠适中的面糊。

2 煎锅内适量多涂些黄油，待黄油变色散出香味后倒入 1/4 的面糊，摊薄。饼边变色后翻面。

3 在可丽饼中间放火腿片，打入鸡蛋。折起饼身四边，包成正方形，撒少许盐和胡椒、乳酪屑。加盖，煎至鸡蛋半熟。

通过控制牛奶的用量调出稀稠适中的面糊。

用带嘴的容器画小圈淋入面糊。

用没有添加糖和黄油的原味可丽饼包起中间的火腿和鸡蛋。

甜味

荞麦可丽饼

让荞麦面糊像细线一样淋入锅中，边淋边画小圈，这样做出的可丽饼口感非常独特。

做火腿蛋荞麦可丽饼的面糊中没有加砂糖，可以煎成普通的薄饼作为正餐。

火腿蛋风味

☑ 按照配方比例在蛋白中添加砂糖，做出稳定的蛋白霜。

松饼

原料（用直径 24 ~ 26 厘米的煎锅可做 2 个）
松饼
├鸡蛋（大个的） 2 个（蛋黄约 40 克，蛋白约 80 克）
├细砂糖 70 克
├无盐黄油 30 克
├牛奶 100 克
├鲜奶油 80 克
├低筋面粉 200 克
└泡打粉 6 克
无盐黄油（涂抹在煎锅中） 适量
打发奶油
├鲜奶油 200 克
├蛋白（完全冷却） 60 克
└细砂糖 34 克
草莓、蓝莓等喜欢的水果 适量
糖粉 适量

1 分开蛋黄和蛋白。低筋面粉和泡打粉过筛后混合。

2 在蛋黄中加入 30 克细砂糖，搅拌均匀。将黄油、牛奶和鲜奶油倒入锅中，加热至
　 40℃，然后倒入蛋黄糊中。

3 在蛋白中加入少量细砂糖，用电动打蛋机高速打发。打至蛋白九分发，分次加入
　 剩余的细砂糖，继续打至稳定的干性发泡状态。

4 在 2 中筛入 2/3 的面粉，用打蛋器搅拌均匀。分两次加入打发好的蛋白霜，用刮
　 刀大幅度搅拌，然后拌入剩余的面粉。

5 锅中涂一层黄油，中火加热。在锅中间倒入 1/2 的面糊，转中小火，盖上锅盖，
　 当松饼表面膨胀、开始定型时翻面，开锅煎熟，松饼就做好了。用同样的方法再
　 做一个。

6 享用前要先打发奶油。将盛放鲜奶油的容器底部浸入冰水中，打至八分发。蛋白
　 中加入砂糖，与第 3 步相同，打出稳定的蛋白霜，分 2 次加入鲜奶油，用刮刀搅
　 拌均匀。享用时涂在蛋糕上，搭配自己喜欢的水果，撒上糖粉即可。

※ 松饼刚出锅时柔软美味，冷吃味道也不错，吃剩的松饼搭配枫糖浆还可以当第二天的早餐。

首先，在蛋黄中加入黄油、牛奶和奶油的混合液。　筛入 2/3 的面粉，调成黏稠的面糊，便于与蛋白霜混合。　分 2 次加入充分打发的蛋白霜，大幅度搅拌。　与普通的煎饼一样，面糊蓬松绵软，但不会流动。加盖慢慢煎烤，注意不要烤焦。

松饼

不用模具也不用烤箱。

做起来像普通煎饼一样简单，成品却如海绵蛋糕一样蓬松柔软。

可以用奶油和水果做装饰。抹上添加了蛋白霜的打发奶油尝一尝吧。

煎苹果

煎好的苹果就像反转苹果挞的内馅一样，美味无双。

制作过程像煎肉排一样简单。

要耐心地把砂糖煎至焦化，成品味道才纯正。

☑ 选用酸甜口味的苹果，切成厚片。
☑ 煎烤过程中需要再加一些黄油（如果下锅就加入全部黄油很容易煎焦）。

原料（3 ~ 4 人份）
苹果（红玉或乔纳金等酸甜口味的苹果） 1 个
细砂糖 60 ~ 70 克
无盐黄油 略少于 25 克
肉桂粉 1 小勺
香草冰淇淋 适量

1 苹果去皮，切成约 2 厘米厚的圆片，用小刀挖去果核。
2 在煎锅内放入一多半黄油，溶化后放入苹果片。煎的过程中将细砂糖分次撒在苹果上，灵活调整火候，不要煎焦。不时晃动煎锅，再撒些细砂糖，反复翻面煎烤，同时加适量黄油，慢慢煎至苹果熟透，两面呈焦糖色。
3 出锅后撒上肉桂粉，装盘，扣一勺冰淇淋。

苹果煎好后体积会收缩，所以要切得厚一些。

尽量把撒入的细砂糖炒成焦糖。

用炖锅做甜点

用微波炉做甜点

☑ 把巧克力放在小锅里隔水加热，不要浸入水或散入水蒸气。

☑ 巧克力不要加热过度。

☑ 烤香坚果。

干果巧克力 & 坚果巧克力

原料

考维曲巧克力（选择自己喜欢的口味）　适量

喜欢的干果　适量

喜欢的坚果　适量

1 烤箱预热至 160℃，坚果烤至微微变色，不要烤焦，冷却备用。

2 准备一张烤纸，铺平。将巧克力切碎，盛入搅拌碗中，隔水加热，慢慢
　搅拌至溶化。注意观察巧克力的状态变化，适时取出，不要加热过度。
　将装有巧克力的搅拌碗放在一个比搅拌碗略大的锅中加热，注意不要让
　水蒸气散入搅拌碗中。

3 把干果或坚果在溶化的巧克力中蘸一下，摆在烤纸上。冬天摆在凉爽处
　冷却至巧克力凝固即可，夏天要放入冰箱冷藏。

※ 我用了杏干、西梅干、紫葡萄干、绿葡萄干、蔓越莓干、香橙干和葡萄柚干，五
　彩缤纷，看起来让人心情愉快。请选用味道甜美的干果。

※ 烘烤坚果时，杏仁要烤 15 ~ 20 分钟，山核桃仁、腰果、核桃仁要烤 5 ~ 10 分
　钟。

※ 做法简单，巧克力无需多次加热。在温暖的季节携带外出时，要注意保持低温。

把干果和坚果在溶化的巧克力中蘸
一下。手捏的部分不用蘸，冷却后
样子非常可爱。

干果巧克力 & 坚果巧克力

干果、坚果与巧克力可以说是完美的组合。
只需在干果和坚果上裹上溶化的巧克力即可。
只有自己亲手制作才能释放原料的自然美味。

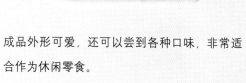

成品外形可爱，还可以尝到各种口味，非常适
合作为休闲零食。

☑ 请选用基本成熟、尚未变软的水果。

☑ 制作时间短，保留了水果的原味。

☑ 根据选用的水果添加适合的香料，果皮和果核也一起入锅。

糖煮水果　李子

☑ 水果不用切开，整个放入锅中即可。

把果皮也放入锅中一起煮可以增加酸味。

原料（用直径17厘米的锅制作）
李子（大石李、索尔达姆李、太阳李等）7～10颗
糖浆
├ 细砂糖　120克
└ 水　360毫升

1 李子去皮。挑出成熟变色部位的果皮，约为全部果皮的1/4，备用。

2 选用大小适中的锅，把李子平铺在锅底。先将做糖浆的原料倒入锅中，煮沸。

3 细砂糖溶化后放入李子，撒上李子皮。再次煮沸后停火10秒左右。如果选用索尔达姆李等果肉较硬涩的李子，每煮30秒要翻一次面。去除涩味后最好再煮30秒。

4 把煮好的李子放入干净的容器中，用厨房用纸封严容器口，自然冷却后放入冰箱冷藏。

※也可以用杏做原料。熬制糖浆需要用砂糖160克、水350毫升、月桂叶1片、丁香4～5粒、黑胡椒6～8粒，做法与处理索尔达姆李相同。

※糖浆煮沸后放入水果，继续加热，注意不要煮过。

※糖浆的用量以完全浸没锅中的水果为宜。如果家里的锅大小与配方中用的不同，可以参考配方比例，适量增减糖浆和水果的用量。

※将煮好的水果盛入干净的容器中，为防止变色，可以盖上一层厨房用纸隔绝空气，放入冰箱冷藏可保存1周。

接触到空气的部分会变色，可以在表面盖上一层厨房用纸。

果冻

1 灵活调整制作糖煮水果时煮好的糖浆甜度。根据需要加糖或加水稀释。

2 取230克糖浆，加热至50℃，放入明胶片3克（参照第40页，先用足量冷水浸泡15～20分钟，捞出沥干水分。），明胶溶化后过滤、冷却即可。如上图，盛一颗糖煮水果，放在做好的果冻上就可以享用了。

汽水

1 根据个人口味在制作糖煮水果时煮好的糖浆中加入冷却的苏打水即可。上图是李子汽水。

糖煮水果

香气诱人、糖汁四溢……品尝过糖煮水果的人都会忍不住询问做法。
把醇香浓郁的糖浆做成果冻或汽水，别有一番风味。

糖煮李子

糖煮水果　无花果

☑ 蒸熟（不必担心蒸过）。

原料（用直径 18 厘米的圆形模具可做 1 份）
无花果（不宜太软，中等大小）　8 个
细砂糖　40 克（每个无花果中撒 5 克）
柑曼怡香橙力娇酒　50 ～ 60 毫升（每个无花果上淋 7 毫升）
┌ 鲜奶油　100 克
└ 柑曼怡香橙力娇酒　少许

1 无花果去柄，去皮（注意不要弄坏果实），底部留一圈圆形果皮。沿果柄方向切 1 厘米深的十字切口。
2 把无花果平整地摆入平盘或模具中，不要叠压。撒上细砂糖，尽量撒进切口中，然后淋少许柑曼怡香橙力娇酒。
3 大火加热蒸笼，出蒸汽后放入无花果，中火蒸 8 ～ 10 分钟。关火后静置冷却。把无花果翻面，放入冰箱冷藏。
4 把蒸出的糖水作为糖浆淋在无花果上。在鲜奶油中加入柑曼怡香橙力娇酒，打发后搭配水果享用。

※ 放入干净的容器中可冷藏保存 4 ～ 5 日。

糖煮水果　洋梨

☑ 散发着香草浓郁的气息，带有洋梨淡淡的清香。

原料（用直径 20 厘米的锅制作）
洋梨（中等大小）　3 ～ 4 个
糖浆
┌ 细砂糖　150 克
├ 水　600 毫升
├ 月桂叶　2 片
├ 丁香　7 粒
├ 黑胡椒　10 粒
└ 柠檬汁　要用 1/3 个柠檬

1 洋梨去皮，纵向切成两半，去核。
2 选用大小合适的锅，要能够把洋梨平铺在其中。在锅中加入制作糖浆的原料，煮沸。
3 煮至细砂糖溶化后放入洋梨。洋梨可能会浮起，要用厨房用纸封严锅口。再次煮沸后转小火煮 7 ～ 10 分钟，煮至洋梨可用竹签轻松扎透，关火。冷却后放入冰箱冷藏。

糖煮水果　油桃

☑ 甘甜绵软的油桃与香草的独特风味相得益彰。

原料（用直径约 17 厘米的锅制作）
油桃　3 ～ 4 个
糖浆
┌ 细砂糖　150 克
├ 水 360 毫升
└ 香草荚　1/4 根（剖开香草荚，取出香草子，和香草荚一起放入锅中）

1 油桃剥去外皮，纵向剖为两半，去核后切成 6 ～ 8 块。取成熟变色部位的桃皮，约为全部果皮的 1/4，备用。
2 在锅中放入制作糖浆的原料，煮沸。
3 细砂糖溶化后，放入果肉和果皮，煮沸后继续煮 30 秒～ 1 分钟，关火。
4 锅口用厨房用纸封严，冷却后放入冰箱冷藏。

※ 如果手边正好有味道和成熟度恰到好处的油桃，不妨按照这个方法试着做一下。桃核也有一种好闻的香气，可以同桃皮一起放入锅中。
※ 制作糖煮洋梨和糖煮油桃用的锅和保存方法与糖煮李子相同。

在无花果底部留一些皮，就算蒸透，果实也不会塌软变形。　　尽量将细砂糖撒进十字切口中。

糖煮洋梨

糖煮无花果

糖煮油桃

75

☑ 选用当季的新姜。

姜汁汽水

原料（方便制作的用量）
新姜（去皮） 300 克
糖浆
├ 细砂糖 250 克
└ 水 450 毫升
苏打水（无糖） 适量（提前充分冷却）

1 生姜去皮，切成 6～7 毫米厚的片。
2 把制作糖浆的原料放入锅中，煮至细砂糖溶化。加入
　生姜，煮沸后小火煮 40～50 分钟，保留生姜鲜嫩脆
　爽的口感。
3 倒入干净的容器内，冷藏保存。食用时，按照个人口
　味用苏打水稀释姜糖浆。
※ 把姜糖浆淋在香草冰淇淋上也很好吃。感冒时可以用开水冲
　饮。
※ 取出糖浆中的姜片，切碎，加入冰淇淋中可以制作鲜姜冰淇
　淋，加入香蕉风味或杂粮风味的纸杯蛋糕（参照第 34 页）、
　燕麦饼干（参照第 26 页）中烘烤，别有一番风味。另外还可
　以加到磅蛋糕中，或者和杏仁奶油混合，作为水果挞的馅料。
※ 放入冰箱冷藏可保存两个月左右。建议大家把糖浆和姜片分
　开冷冻保存。将糖浆冷冻成板状，需要时即可切取使用，很
　方便。

煮过的姜片还可以用来做其他甜
点，为保持爽脆口感，切片时要切
得稍厚些。

姜汁汽水

用夏秋上市的新姜做的糖煮新姜清香甘甜、清爽提神。

只有在家才能做出这样的好味道。

饮用时用苏打水稀释姜糖浆。

煮过的姜片还可以用来做其他甜点。

☑ 尽量把果皮和果核也用上，增加香味。

☑ 果酱冷却后会变稠，用微波炉加热时不要加热过度。

☑ 4～5 日内吃完为宜，新鲜最重要。

☑ 用微波炉加热时请选用足够深的耐热容器（果酱可能会被煮沸）。

果酱　芒果

原料（方便制作的用量）
芒果（去皮，去核，切成 1 厘米见方的小丁）　100 克
细砂糖　40 克
柠檬汁　1 大勺

1 把芒果放入容器内，轻轻捣碎，加入其他原料。放入
微波炉，不用盖保鲜膜，以 600 瓦的火力（或中火）
加热 3 分半。加热过程中取出搅拌 1 次。

果酱　无花果

原料（方便制作的用量）
无花果（去皮）　100 克
细砂糖　45 克
柠檬汁　2 小勺～1 大勺

1 将无花果轻轻压碎，倒入容器内，加入其他原料，放
入微波炉，不用盖保鲜膜，以 600 瓦的火力（或中火）
加热 3～4 分钟。加热过程中取出搅拌 1 次。

果酱　李子、杏

原料（方便制作的用量）
李子或杏（熟透的，带皮切片，剔出果核）　100 克
细砂糖　55～60 克

1 将原料倒入容器内，放入微波炉，以 600 瓦的火力
（或中火）加热 3 分半。加热过程中取出搅拌 1 次。

果酱　草莓

原料（方便制作的用量）
草莓（去蒂，切成 1 厘米见方的小丁）　50 克
细砂糖　20 克
柠檬汁　2 小勺

1 将原料倒入容器内，放入微波炉，不用盖保鲜膜，以
600 瓦的火力（或中火）加热约 2 分钟，加热到自己
喜欢的浓稠度。加热过程中取出搅拌 1 次。

果酱　柑橘

原料（方便制作的用量）
柑橘类水果　1/3～1/2 个（果肉 80 克，另取 1/6 的果皮）
细砂糖　50 克

1 果肉（剥去内层薄皮）切成小块。

2 果皮去掉白色的内层，切成 2 毫米宽的细丝，加水浸
泡，同时用手揉搓去涩味。捞出果皮，沥干水分。

3 将原料倒入容器内，放入微波炉，不用盖保鲜膜，以
600 瓦的火力（或中火）加热 4 分半～5 分钟，熬至
自己喜欢的浓稠度。加热过程中取出搅拌 1～2 次。

果酱

现在用糖熬煮水果做成的果酱很受欢迎。
这里介绍的几种果酱都可以用微波炉轻
松完成，但不适宜长期保存。
这几种果酱很快就能做好，保留了水果
的清香。
把平时吃不完的水果加工成果酱实在是
一件充满乐趣的事。

芒果酱

李子酱

杏果酱

图书在版编目(CIP)数据

跟着小嶋做甜点/〔日〕小嶋流美著;付明明译.
－海口:南海出版公司,2013.7
ISBN 978-7-5442-6592-8

Ⅰ.①跟…　Ⅱ.①小…②付…　Ⅲ.①甜食－制作
Ⅳ.①TS972.134

中国版本图书馆CIP数据核字(2013)第109081号

著作权合同登记号　图字:30-2013-03
KANTANDAKARA OISHII! OKASHI
© RUMI KOJIMA 2006
Originally published in Japan in 2006 by EDUCATIONAL FOUNDATION BUNKA GAKUEN
BUNKA PUBLISHING BUREAU
Chinese (in simplified character only) translation rights arranged
with EDUCATIONAL FOUNDATION BUNKA GAKUEN BUNKA PUBLISHING BUREAU
through TOHAN CORPORATION, TOKYO.
All RIGHTS RESERVED.

跟着小嶋做甜点

〔日〕小嶋流美 著

付明明 译

出　　版　南海出版公司　(0898)66568511
　　　　　海口市海秀中路51号星华大厦五楼　邮编 570206
发　　行　新经典文化有限公司
　　　　　电话(010)68423599　邮箱 editor@readinglife.com
经　　销　新华书店

责任编辑　秦　薇
装帧设计　徐　蕊
内文制作　博远文化

印　　刷　北京朗翔印刷有限公司
开　　本　787毫米×1092毫米　1/16
印　　张　5
字　　数　80千
版　　次　2013年7月第1版
　　　　　2013年7月第1次印刷
书　　号　ISBN 978-7-5442-6592-8
定　　价　36.00元